这本书的主人是：

航天员 ____________________

美国国家航空航天局的航天员们，我可以成为你们的一员吗？——斯泰西·麦克诺蒂

献给我最好的朋友，肯尼和夏洛特。——史蒂维·李维斯

献给未来探索火星的航天员们。——火星

版权贸易合同登记号　图字：01-2024-3151

图书在版编目（CIP）数据

火星 : 红色邻居 / (美) 斯泰西·麦克诺蒂著 ; (美) 史蒂维·李维斯绘 ; 张泠译. -- 北京 : 电子工业出版社, 2024. 10. -- (我的星球朋友). -- ISBN 978-7-121-48762-0

Ⅰ. P185.3-49

中国国家版本馆CIP数据核字第2024W9M073号

审图号：GS京（2024）1994号
本书插图系原书插图。

责任编辑：耿春波
印　　刷：北京缤索印刷有限公司
装　　订：北京缤索印刷有限公司
出版发行：电子工业出版社
　　　　　北京市海淀区万寿路173信箱　邮编：100036
开　　本：889×1194　1/12　　印张：23.5　　字数：119千字
版　　次：2024年10月第1版
印　　次：2024年10月第1次印刷
定　　价：168.00元（全7册）

凡所购买电子工业出版社图书有缺损问题，请向购买书店调换。若书店售缺，请与本社发行部联系，联系及邮购电话：（010）88254888，88258888。

质量投诉请发邮件至zlts@phei.com.cn，盗版侵权举报请发邮件至dbqq@phei.com.cn。

本书咨询联系方式：（010）88254161转1868，gengchb@phei.com.cn。

火星

欢迎地球人

红色邻居

[美]斯泰西·麦克诺蒂/著 [美]史蒂维·李维斯/绘

张汵/译 大宝老师/审

電子工業出版社

Publishing House of Electronics Industry

北京·BEIJING

火星任务

任务时间： 尽快

任务地点： 火星（不然呢？）

地球上的居民们，你们好呀！
地球称自己为**伟大的星球**……

邀请函

火星任务

任务时间：尽快
任务地点：火星（不然呢？）

我正式邀请你们来我这里看一看！
我也可以自称为**了不起的星球**！

请允许我介绍一下自己：

我是壮丽的火星——

地球最好的兄弟。

我距离太阳第四近。

论个头，我在太阳系中排倒数第二。

你们几乎一辈子都生活在地球上。

是时候来我这里看看啦。

已经有人到访了月球，

但还从来没有地球人登上过任何其他行星。

我是一颗行星。一颗爱搞聚会的行星！

我想成为第一个迎接地球客人的行星。

（在我们太阳系）怎样成为一颗行星：

绕着太阳转。

球形。

不能是矮行星。

怎样成为一个聚会达人：

爱邀请朋友。

要有品位，要和气。

我其实离你很近。
更确切地说，
我的飞行轨道，
有时候距离你们很近。

我离地球最近的时候只有

5500万千米左右。

但有时候，我们之间超过4亿千米，

兄弟之间也需要距离啊。

你一定会爱上我这里。
我就好像另一个地球，而且更优秀。
比如，在我这里，一天长出了37分钟。

地球自转一圈
要24小时。

想一想，多出来37分钟你可以多做多少事儿啊！
睡大觉，玩游戏，吃零食……
爱干什么就干什么。

我有两个“月亮”！
我知道这让地球很嫉妒。

跟福波斯（火卫一）和戴莫斯（火卫二）打个招呼吧！

你可能会觉得它们长得像两个大土豆。

不过，它们可不是土豆，它们都是天然卫星。

到我这里来，别忘了带上相机哦！我这里好看的景色实在太多了！

猜猜**太阳系**里谁拥有最大的火山？

不是地球。

是我！

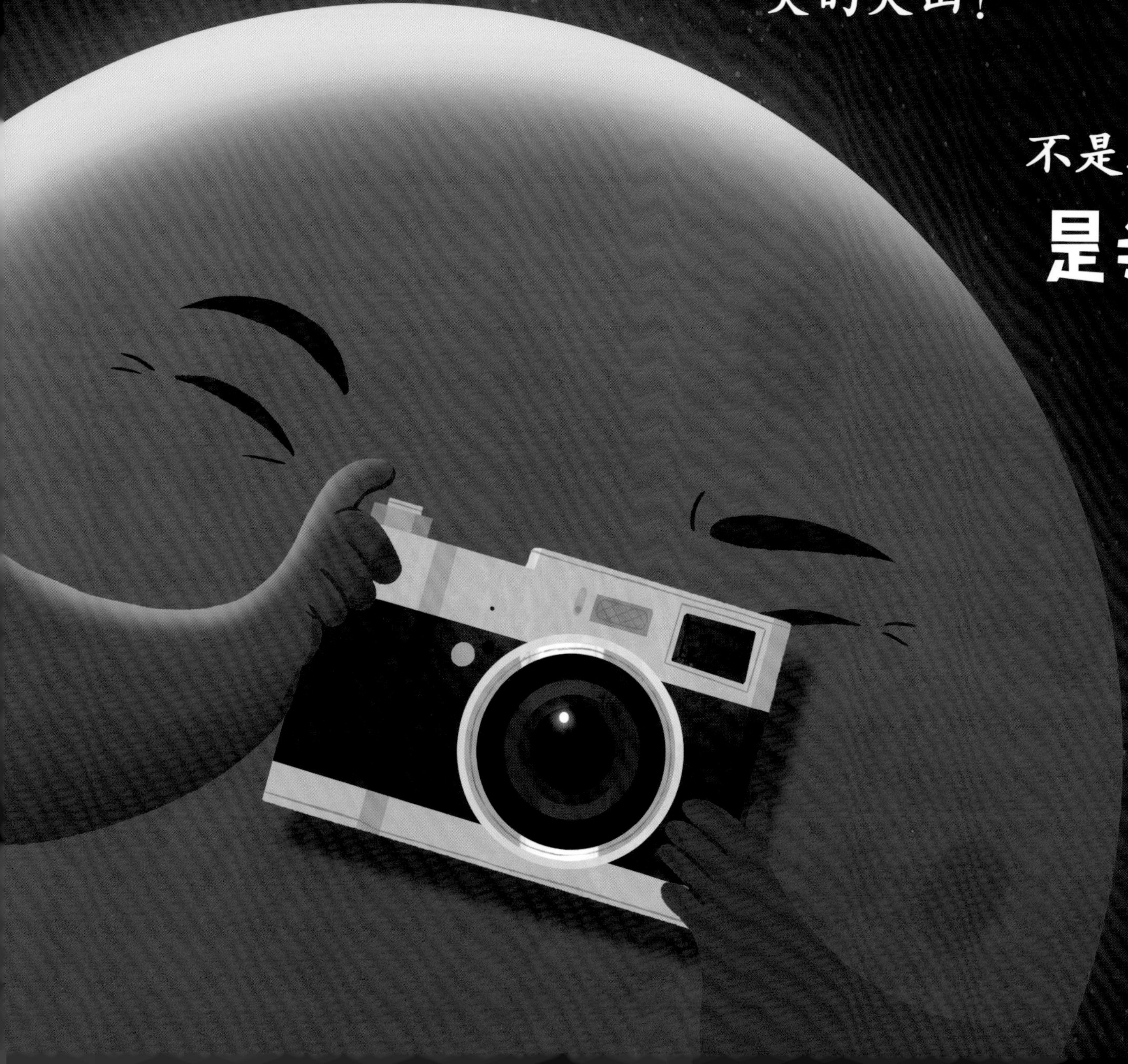

奥林波斯山

奥林波斯山高于火星基准面21.171千米。

地球上最大的活火山——美国夏威夷岛的冒纳罗亚火山——还没有奥林波斯山一半高。

冒纳罗亚火山

你喜欢令人震撼的景观吗?

火星上水手号峡谷群的深度是美国科罗拉多大峡谷的五倍!

而且水手号峡谷群游客甚少，绝对是自拍的绝佳之地。

别只想着相机，**氧气瓶**也不能忘！

（因为我这里，氧气非常稀薄。）

哦，还要带水，我这里的水都是冰冻的。

科学家们认为在几百万甚至几十亿年前，我这里曾经有过液态水，那时候我这里还很温暖。

湖泊

河流

海洋

现今，我不得不承认，在拥有液态水

这一点上，地球完胜了我！

地球上更适合游泳。

可不是吗？地球呈现漂亮的蓝色，
都归功于它拥有的水。尤其是海洋。

我是红色的，但不是因为热才变红的。

我的平均温度约为-27℃。
比南极的冬天还要寒冷。

我是红色的，
也不是因为脾气大。

但地球人可能确实因此为我命名。
我的英文名字Mars来自
罗马战神的名字——战争、鲜血、
愤怒——你懂的。

我之所以呈现红色，
是因为尘埃中富含铁元素——赭红色的铁。

地球和我，都是充满岩石、

地形崎岖的固态行星。

（木星、土星、天王星和海王星

都是巨大的气态行星！）

跟地球一样，我也

有极地冰冠。

我有山脉。

我有云彩。

我期待有一天，大脑发达的访客能来我这里旅行。

如果你在地球上就特别喜欢聚会，

那么，快来吧！

不过，我这次邀请你来参加的，

可不是我的生日会。

我不知道自己的生日到底是哪一天。我跟太阳系的其他行星一样，大概已经45亿岁了。

如果你想来我这里，三月份看起来最合适，因为三月的英文March跟我的英文名字Mars发音很像。

（不过，我随时欢迎你！）

今天给爷爷打电话！

准乘一人
登机口：
日期：即日
座位：44C

准乘一人
登机口：B4
目的地：火星
日期：即日
座位：44C

2 3 4 5 6
7 9 10 11 12 13
15 16 17 18 19 20
22 23 24 25 26 27
28 29 30 31

去火星

购物清单
- 鸡蛋
- 面包
- 氧气瓶

看牙医

过去有过来自地球的“访问者”，

只不过，它们并不是真人。

1965年：

美国的“水手4号”探测器飞到我身边，

这是我迎来的第一艘探测器。

它在距我不到1万千米的位置拍摄了21张照片。

希望每一张都把我拍得好看。

1971年：苏联的“火星3号”探测器在我的表面着陆，因为沙暴所以仅运转了20秒。

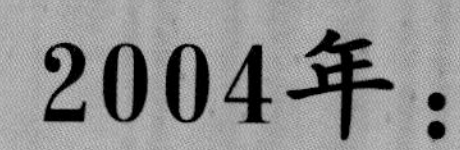

2004年：

美国国家航空航天局给我送来了新朋友

“勇气号”和“机遇号”。

这是两台长相十分可爱的火星车，

人们本来只期待它们运行90天。

但因为我这里太好玩儿，

它们就留下来玩了更长的时间。

勇气号

待了六年。

机遇号待了**将近十五年！**

这个小家伙走了约45千米。

（这个距离比马拉松比赛的距离还要长哦。）

我一直期待着你们，
好奇、敏锐、爱聚会
的地球人！

让我们一起学习！

一起快乐！

你还在等什么？
快到了不起的火星上来！

等你的宇宙飞船准备好，
就来聚会吧！

未来可能探索火星的朋友们：

我们地球人虽然还未能登上火星，但登上火星一直在我们的计划中。美国国家航空航天局为这个目标制定了长期规划，希望在未来几十年能够将航天员送到火星上去实地探索。

为了实现登陆火星这一远大目标，我们还需要做什么呢？首先，我们需要知道在火星上是否曾经有过生命。然后，我们需要对火星的气候条件进行更深入的研究。还有，火星上的地理条件也有待进一步确认。多么期待这些努力最终能帮我们实现梦想。

地球人的第一次火星之旅必定充满挑战、危险重重，而且会是一次漫长的旅程，但相信此行也一定精彩异常！

你忠实的朋友

斯泰西·麦克诺蒂

作家，想登上火星的人

另： 科学家们对太阳系的认识无时无刻不在增加。（喔，这就是科学的力量吧！）也许在未来的某一天，当我们的知识拓展到一定程度的时候，现在的一些认知也将随之改变。但是，朋友们，这难道不是我们的共识吗？

火星，还是地球？

下面的话是谁说的呢？火星还是地球？或者它们两个都可以这么讲？

1. “两个比一个好，从拥有天然卫星的数量来讲。”

   火星。火星有两个天然卫星：福波斯（火卫一）和德莫斯（火卫二）。更大一些的福波斯正在慢慢靠近火星，而小一些的德莫斯则正在远离火星。（地球和它的月亮是形影不离的好朋友。）

2. “我的冰帽非常酷，冷酷的酷，懂了吧？”

   火星和地球。火星的南极和北极都有冰帽。地球也一样，不过要比火星上的小。地球上还有广袤的冰原，这些冰原中蕴含的淡水量占地球上总淡水量的70%左右。

3. “我的磁性应该取决于我的设备上的磁针。”

   地球。地球上的指南针（设备上的磁针）并不是真正指向北方，而是指向地球的“磁北极”。地球的磁场不止为我们提供了辨别方向的方法，还有助于我们的星球与太阳辐射保持相对安全的距离。火星上没有磁场，但是有证据显示曾经有过。

4. “运河是人造的河流，我有很多运河。”

   地球。地球上有很多举世闻名的大运河：苏伊士运河、伊利运河、京杭大运河，还有巴拿马运河。1906年，美国天文学家珀西瓦尔·洛厄尔写了一本书，名为《火星和火星上的运河》。在书中，他根据自己拍摄的照片猜测火星上有运河，并且认为这就是火星上曾有生命的证明。不过，他搞错了。

“人们用罗马战神的名字为我命名。”

火星。火星的英文Mars是罗马战神的名字。福波斯的英文Phobos在希腊语中是“恐惧”的意思；德莫斯的英文Deimos在希腊语中是“恐怖”的意思。战争、恐惧、恐怖，这三个名字听上去可真吓人。地球的英文Earth就没有什么其他的意思。

“我是一个固态星球。”

火星和地球。火星和地球都是固态星球。它们都有核、幔、壳，还有一定形式的大气。水星和金星也是固态星球。它们都很硬！

“数”说火星

——火星是距离太阳第四近的行星。

27942275——火星和太阳之间的平均距离约为2.28亿千米。（地球和太阳之间的距离约是1.496亿千米。）

477——火星自转一圈的时间为1477分钟，也就是24小时37分钟。

87——一个火星年大概等于687个地球日。

779——火星的直径约是6779千米，比地球直径的一半还要小。

5000000——火星和地球之间最近的距离约是5500千米。

0000000——当火星和地球分别运转到太阳系的两端时，它们之间的距离能达到约4亿千米。

地球人和火星的那些年

因为火星一直是裸眼可见的，所以没有对火星的发现日期，也没有火星发现者。

610年——伽利略通过天文望远镜观测了火星。

877年——阿萨夫·霍尔发现了火星的两个自然卫星。

965年7月14日——美国“水手4号”探测器第一次在较近距离拍摄到了火星的照片。

971年12月2日——苏联“火星3号”探测器实现了第一次火星软着陆并运行了20秒。

989年1月至3月—— 苏联“福波斯2号”探测器绕火星和福波斯（火卫一）飞行，并在一段时间内进行了信息传输，随后与地球失去联系。

997年7月4日——美国国家航空航天局的“火星探路者”携带“旅居者号”登陆火星，“旅居者号”是第一台带轮子的火星探测车，它在火星上探索了83天。

004年1月3日——美国国家航空航天局将“勇气号”火星车送上了火星，三个星期后，又将“机遇号”火星车送到了火星上与“勇气号”完全相对的位置。这两台火星车本来预计运行90天，但是“勇气号”一直坚持到2010年3月，而“机遇号”则一直坚持到2018年6月。

021年5月15日，中国天问一号成功着陆火星，在火星上首次留下了中国人的印记。